天津市科普重点项目支持

设施蔬菜合理施肥
原色图册系列丛书

黄瓜 甜瓜
施肥与生理病害防治

主　编：王晓蓉　张玉玮

编　者：高　伟　信丽媛　吕雄杰

　　　　王丽娟　贾宝红　宋治文

　　　　王孟文

U0324883

天津出版传媒集团

天津科技翻译出版有限公司

图书在版编目(CIP)数据

黄瓜 甜瓜施肥与生理病害防治／王晓蓉,张玉玮主编.
天津:天津科技翻译出版有限公司, 2013.2
(设施蔬菜合理施肥原色图册系列丛书)
ISBN 978 – 7 – 5433 – 3192 – 1

Ⅰ.①黄…　Ⅱ.①王…　②张…　Ⅲ.①黄瓜—施肥
②黄瓜—植物生理性病—防治 ③甜瓜—施肥 ④甜瓜—植
物生理性病—防治　Ⅳ.①S642.206 ②S652.06 ③S436

中国版本图书馆 CIP 数据核字(2013)第 025914 号

出　　　版:天津科技翻译出版有限公司
出 版 人:刘 庆
地　　　址:天津市南开区白堤路 244 号
邮政编码:300192
电　　　话:022 – 87894896
传　　　真:022 – 87895650
网　　　址:www.tsttpc.com
印　　　刷:唐山天意印刷有限责任公司
发　　　行:全国新华书店
版本记录:787 × 1092　32 开本　3.75 印张　50 千字
　　　　　2013 年 2 月第 1 版　2013 年 2 月第 1 次印刷
　　　　　定价:20.00 元

丛书前言

有一句顺口溜说，"水大肥勤，种地不用问人"。可真的是"施肥越多越增产"吗？相信许多农民朋友有过这样的经历，花了不少钱买化肥，可是施用的效果并不理想。

近年来，设施蔬菜栽培在我国北方取得了长足发展。据调查，很多菜区存在盲目施肥、过量施肥的现象，这对生态环境和农产品安全都造成了不利影响。农民朋友身边亟需合理施肥的切实指导。

本系列丛书主要针对农业生产一线的农民朋友，力求以朴实的语言，辅以清晰的图片，详细地介绍芹菜、大白菜、黄瓜、甜瓜、番茄、辣椒6种蔬菜设施栽培的茬口安排，品种选择，不同时期的需肥规律、肥料的选用，以及常见生理病害的防治方法，尽可能地让农民看得懂、学得会、用得上。

本书在编写的过程中，本着严谨求实的态度，所用图片大部分来自于田间生产实际，保证了本书内容的客观性、可靠性和实用性。

本书的编写还得到了天津市农业科学院的李秀秀研究员、王万立研究员、李淑菊研究员、刘文明高级农艺师、杨小玲研究员和高国训副研究员等各位老师的大力支持和帮助，在此一并表示感谢。

由于编写者水平有限，书中疏漏和不当之处在所难免，在此恳请专家、同仁与广大读者批评指正。

编者

2012 年 10 月

目　录

第一部分　黄瓜

第二部分　甜瓜

第一节　品种选择

第二节 施肥方法

第三节 常见生理病害

黄 瓜

第一节　品种选择

一、不同茬口的品种推荐

设施类型	茬口名称	适栽品种
日光温室	越冬一大茬	津优 30 号、津优 35 号、津优 36 号、津优 38 号、津优 307、中农 26 号、中农 27 号
	秋冬茬	津优 11 号、津优 307 号、中农 26 号、中农 27 号
	冬春茬	津优 30 号、津优 35 号、津优 36 号、津优 38 号、中农 26 号、中农 27 号
塑料大、中棚	秋延后	津优 10 号、津优 11 号、津优 12 号、中农 16 号
	春提早	津优 30 号、津优 35 号、津优 36 号、津优 38 号、津优 307、中农 16 号

二、主要优良品种特性介绍

1. 津优 10 号

　　津优 10 号(图 1-1)由天津科润黄瓜研究所 2001 年育成。该品种早熟,前期耐低温,后期耐高温,瓜色深绿,果肉淡绿色,质脆味甜,品质佳,抗霜霉病的能力十分突出,高抗白粉病和枯萎病。丰产性好,春棚栽培每亩产量达6000千克,秋棚栽培每亩产量4500千克。

该品种叶片大而厚,茎粗壮,生长势强,第1雌花节位在4~6节,雌花节率40%,从播种到根瓜采收一般为60天;成瓜性好,瓜条顺直,深绿色,有光

图1-1 津优10号

3

泽,刺瘤中等,瓜条长35厘米,横径3厘米,单瓜重180克,畸形瓜率低;前期以主蔓结果为主,中后期主侧枝均具有结瓜能力。

图1-2 津优11号

2.津优11号

津优11号(图1-2)由天津科润黄瓜研究所2003年育成。该品种早熟,成瓜性好,品质优,抗霜霉病、白粉病、枯萎病等多种病害。前期表现耐高温兼抗病毒病,

后期耐低温可延长收获期。秋大棚栽培每亩产量可达4500千克,比原主栽品种产量提高10%~15%。

该品种植株生长势强,叶片浓绿,中等大小,属雌花分化,对温度要求不敏感,秋延后第1雌花节位在7~8节,雌花节率高达30%以上。瓜条深绿、顺直,刺瘤明显,瓜长33厘米,横径3厘米,单瓜重180克,畸形瓜率低,瓜把小于瓜长1/7,果肉淡绿色,口感脆嫩。

3. 津优 12 号

4

津优12号(图1-3)由天津科润黄瓜研究所2003年育成。该品种早熟性好,产量高,商品性好,品质优,抗病性强,兼抗白粉病、枯萎病、霜霉病三种病害。春露地栽培每亩产量5500千克左右,秋大棚栽培每亩产量可达4200千克。

该品种植株生长势中等,叶片大小中等,深绿色。主蔓结瓜为主,侧枝也具有结瓜能力。

图 1-3　津优 12 号

春季主蔓第 1 雌花着生在第 4 节左右,雌花节率 50% 左右;秋季第 1 雌花在第 5~7 节。瓜条顺直,长棒状,长 35 厘米左右,单瓜质量 200 克左右。瓜色深绿,有光泽,瘤显著,密生白刺;瓜把小于瓜长的 1/7,心腔小于瓜横径的 1/2;果肉淡绿色,质脆,味甜;维生素 C 和可溶性糖含量高;畸形瓜率低于 15%。

4.津优 30 号

津优 30 号(图 1-4)由天津科润黄瓜研究所 2001 年育成。该品种耐低温弱光能力强,高抗枯萎病,抗霜霉病、白粉病和细菌性角斑病,质脆,味甜,品质好,便于长途运输,温室栽培早期产量高。

该品种在气温 6℃以下能正常生长发育,短期 0℃低温也不会造成植株死亡,在连阴雾天日照不足 6000 勒克斯时仍能收获果实。在日光温室越冬一大茬栽培时,1 月份低温寡照时期,能够获得较高的产量和经济效益。冬春茬栽培时,

图 1-4　津优 30 号

前期产量明显高于其他品种。瓜码密,雌花节率40%以上,化瓜少。连续结瓜能力强,有的节可以同时或顺序结2~3条瓜,总产量比津春3号、津优3号高30%以上。腰瓜长35厘米左右,瓜把长在5厘米以内,即使严冬瓜条长度也可达到25厘米左右。瓜色深绿,有光泽,刺密,刺瘤明显,畸形瓜少。

5.津优35号

6

津优35号(图1-5)由天津科润黄瓜研究所于2007年育成。该品种在目前的温室黄瓜品种中,综合性状居前列,最大的特点是早熟性、瓜条外观商品性和丰产性,兼具优质、耐低温、弱光,中抗霜霉病、白粉病、枯萎病的性能,生长期长,不易早衰,越冬及早春栽培产量均能达到每亩10 000千克以上,越冬温室栽培每亩最高产量超过20 000千克。

图1-5　津优35号

该品种植株生长势较强，叶片中等，以主蔓结瓜为主，瓜码密。第1雌花节位在4节左右，回头瓜多，丰产潜力大。瓜条生长速度快，早熟性好。生长后期主蔓掐尖后侧枝兼具结瓜性且一般自封顶。瓜条顺直，果肉淡绿色，肉质甜脆，瓜色深绿，光泽度好，瓜把小于瓜长1/7，心腔小于瓜横径1/2，刺密、无棱、瘤小，腰瓜长33~35厘米，不弯瓜，不化瓜，畸形瓜率极低，单瓜重200克左右。

6. 津优36号

津优36号(图1-6)由天津科润黄瓜研究所于2007年育成。早熟，耐低温，弱光能力强，质脆味甜，品质好，商品性佳，抗霜霉病、白粉病、枯萎病，生长期长，不易早衰，中后期产量高，越冬栽培可达每亩10 000千克以上。

该品种植株生长势强，叶片大，主蔓结瓜为主，瓜码密，回头瓜多。瓜条顺直，皮色深绿、有光泽，瓜把短，瓜腔小，

图1-6 津优36号

浅棱,刺瘤适中,腰瓜长 32 厘米左右,畸形瓜率低,单瓜重 200 克左右。

7. 津优 38 号

津优 38 号 (图 1-7)由天津科润黄瓜研究所于 2007 年育成。该品种耐低温、弱光能力强, 高抗褐斑病、炭疽病, 抗枯萎病, 中抗霜霉病和白粉病, 集津优 3 号黄瓜商品性好及津优 30 号、津优 32 号黄瓜产量高等优良特性于一体, 日光温室越冬茬栽培前期产量达每亩 2500 千克左右, 总产量达每亩 10 000 千克以上。

图 1-7　津优 38 号

该品种植株长势强,叶片中等,主蔓结瓜为主,易于管理。瓜条商品性好,畸形瓜少。腰瓜长 35 厘米左右,单瓜重 200 克左右。瓜色亮绿,刺密,瘤适中,瓜把短。甩瓜速度快,持续结瓜能力强,不歇秧。

8

8.津优307号

津优307号(图1-8)天津科润黄瓜研究所最新育成的品种。该品种早熟性好,耐低温、弱光能力强，在寒冬和早春季节连续结瓜能力强,"不封头、不歇秧、膨瓜快",具有较为突出的丰产性和商品性，且抗炭疽病、靶斑病、黑斑病、枯萎病,中抗霜霉病、白粉病等多种病害。适应性广,适合日光温室越

图1-8　津优307号

冬茬、秋冬茬、早春茬及春大棚栽培。越冬温室生产,管理得当可亩产25 000千克左右。

该品种植株叶片小,株型好,瓜条生长速度快,生长强势,主蔓结瓜为主,瓜码密,回头瓜多。连续结瓜能力强,可同时顺序带3~5条瓜,不化瓜。前期耐低温,后期耐34℃~38℃高温,不早衰,丰产潜力大。在10℃~12℃低温和8000勒克斯弱光条件下生长正常,并可忍受短期5℃~7℃低温。在温度低、光照弱的寒冬期,可获得较高产量和

效益。瓜条顺直,瓜色深绿,光泽度好,短把密刺,腰瓜长34厘米左右,不弯瓜,不化瓜,畸形瓜率低。果肉淡绿色,商品性极佳。

9.中农16号

中农16号由中国农业科学院蔬菜花卉研究所育成。该品种为中早熟品种,前期产量高,丰产性和商品性好,抗霜霉病、白粉病、枯萎病等多种病害。适宜早春露地及春秋棚栽培,秋棚亩产4000千克以上。

该品种植株生长速度快,结瓜集中,主蔓结瓜为主,第1雌花始于主蔓第3~4节,每隔2~3片叶出现1~3节雌花,瓜码较密。瓜条商品性及品质极佳,瓜条长棒型,瓜长30厘米左右,瓜把短,瓜色深绿,有光泽,无黄色条纹,白刺、较密,瘤小,单瓜重150~200克,口感脆甜。

10.中农26号

中农26号由中国农业科学院蔬菜花卉研究所育成。该品种为中熟品种,耐低温、弱光,商品性好,综合抗病能力强,适宜日光温室越冬、早春、秋冬茬栽培。丰产性好,持续结果能力强,亩产最高达10 000千克。

该品种植株生长势强,分枝中等,主蔓结果为主,节成性好,坐果能力强,瓜条发育速度快,回头瓜较多。瓜色深绿、亮,腰瓜长 30 厘米左右,把短,瓜粗 3.3 厘米左右,商品瓜率高。刺瘤密,白刺,瘤小,无棱,无黄色条纹,口感好。熟性中等,从播种到开始收获 55 天左右。

11.中农 27 号

　　中农 27 号由中国农业科学院蔬菜花卉研究所育成。该品种为最新改良品种,中晚熟,抗病性强,抗角斑病、枯萎病、霜霉病、耐白粉病、小西葫芦黄化花叶病毒、西瓜花叶病毒。持续结果及耐低温弱光、耐高温能力突出。最适宜日光温室越冬长季节栽培,也适合秋冬茬、冬春茬日光温室栽培。丰产优势明显,亩产高达 15 000 千克以上。

　　该品种植株生长势强,分枝强,叶色深绿、均匀。主蔓结果为主,回头瓜多。早春第 1 雌花始于主蔓第 3~4 节,节成性高。瓜色深绿,腰瓜长 30~35 厘米,瓜把短,瓜粗 3.3 厘米左右,心腔小,果肉绿色,商品瓜率高。刺瘤密,白刺,瘤小,无棱,微纹,质脆味甜。

第二节 施肥方法

一、需肥特点

黄瓜为喜温喜湿植物，适合其生长的温度为18℃~32℃，空气相对湿度为70%~90%。黄瓜生长快，结果多，喜肥，但根系浅，所以对土壤的要求较高，应选择富含有机质、透气性好、保肥保水能力强的土壤进行种植，且土壤应为弱酸性到弱碱性之间（pH值为5.7~7.2）。每生产1000千克黄瓜吸收肥料的量应为纯氮2.4千克、五氧化二磷0.9千克、氧化钾4.0千克、氧化钙3.5千克、氧化镁0.8千克。

黄瓜整个生长发育期都迫切需要营养，苗期吸收量较小，结瓜期吸收量较大，占到总需求量的70%~80%。黄瓜苗期对磷的需求敏感，结瓜期对钾的需求量大，而整个生长期对氮都非常需要，并且特别喜欢硝态氮。因此，磷肥多做基肥，至少要在播种后20天前施入；结瓜期要增施钾肥，特别是进入结瓜后期更需加强；氮肥宜分期施入，苗期少施，结瓜期逐渐加大，到后期再逐渐减下来。

二、基肥施用方法

肥料	作用	施用量	注意事项	施用方法
有机肥	基肥的主施肥料,可提供全素营养,提高土壤保水保肥能力,延缓黄瓜衰老	每亩施用优质圈肥应达到7500~10 000千克,干鸡粪1000 ~1500千克	一定要用充分腐熟的优质有机肥。同时,将食用发酵粉兑水喷洒到粪肥上,可以加速粪肥的发酵	定植前整地时,先将棚内土地浇一次水,适宜时深翻一遍,然后整平,使基肥充分混入土中。肥料充足时,可在翻地前进行普施;肥料不足时,可采用平施和沟施相结合;肥料少时多开沟集中施用
化肥	施用量较少,作为有机肥的补充	每亩施碳酸氢铵50~100千克,过磷酸钙100千克,硫酸钾30~40千克	*磷肥和有机肥混合施用,可以提高磷肥的利用效果 *磷酸二铵的催苗壮秧效果好,在每个定植穴中撒入2~3克或在两株之间的土中撒入5克左右 *不用尿素和硝酸铵做基肥	
微量元素肥料	老黄瓜田需要施用,新黄瓜田一般不需要施用	每年亩施用硫酸锌1.5~2千克,硫酸镁10~15千克。每隔2~3年亩施用硼砂1~1.5千克		

13

三、追肥施用方法

肥料	施用时间	作用	施用量	施用方法	注意事项
有机肥	浇缓苗水前	补充底肥中有机肥不足	每亩追施芝麻饼肥100千克左右，或膨化鸡粪200千克左右	底肥中有机肥不足时，在植株一侧开沟追施，施后盖土浇水	锄划时不要把有机肥露出土面，以防氨气危害
	结瓜中期	保持植株健壮生长，延长结果期	每亩每次追施人粪尿或鸡粪水1500千克左右	随水冲施2次，一般与冲施化肥交替进行	冲施要在棚室彻夜通风的情况下进行，以防氨气危害
化肥	缓苗后结合浇缓苗水进行	提苗肥	每亩追施硝酸铵钙7~10千克，或尿素5~7.5千克	在植株一侧开沟追施，开沟距植株5厘米，施后盖土浇水	追过提苗肥后，直到根瓜膨大前一般不再追肥和浇水，以防植株徒长
	大部分根瓜长15~18厘米时进行。若瓜秧长势弱，需提前，若长势强，可等到根瓜采收前进行	催瓜肥	结瓜前期，每亩每次追施尿素7~9千克，硫酸钾8~12千克。盛瓜期，每亩追施硫酸钾10千克左右,硫酸铵20千克左右	追肥与浇水结合进行，一次清水一次水冲肥。温度高时，可选用尿素、碳酸氢铵、硫酸铵和复合专用肥；温度低时最好追硝酸铵	追施时必须以氮肥为主，一般不宜追施氯化铵、氯化钾等带氯根的化肥

2.叶面追肥

肥料		作用	施用时期	施用方法	注意事项
无机型	磷酸二氢钾、稀土微肥、硼肥等	快速补充营养，适用于生长后期补充养分	*已经或可能发生病害时 *土壤偏酸、偏碱或盐度过高时 *盛果期，黄瓜急需营养时 *遇到有害气体危害、伤热或低温冻害后 *遇到低温连阴雾天后，植株弱小时	*在下午4点后，无风的情况下喷施最好 *重点喷洒幼嫩叶和功能叶的背面，喷雾要细 *一般连续喷施2~3次，每次喷洒的间隔时间在7天以上，其中第2次和第3次的间隔时间应达到15天左右	*不要在早晨、雨天和雨前喷施 *叶面肥混用要得当，不宜多，一般根据情况选用1~2种成品叶面肥即可 *喷施微量元素叶片肥时，加入云大120和丰收1号等植物生长调节剂和药肥，可提高产量和品质 *添加中性肥皂可增加叶片肥的吸收 *叶片肥不能代替化肥
调节型	生长素、激素类等	调节黄瓜生长，适用于生长前期、中期			
生物型	微生物菌肥	刺激黄瓜生长，促进代谢，减轻和防止病虫害			
复合型	植物动力2003	具有复合作用,可提供营养、刺激生长、调控发育			
	腐植酸类	增强光合作用，肥料增效、改良土壤、刺激生长			
	氨基酸类	促进根系生长，壮苗、健株,增强光合作用、抗逆、抗病性			

第三节　常见生理病害的发生与防治

一、由营养元素引起的生理病害

1.缺氮

主要症状

　　缺氮初期，植株生长缓慢而矮化，叶片小，上部叶更小。植株从下部叶开始向上逐渐黄化(图1-9)。开始是叶脉间黄化，叶脉凸出可见，最后全叶黄化。上位叶变小，一般不黄化。极度缺氮时期，叶绿素分解而使叶片呈浅黄色，全株变黄，甚至白化。茎细变硬纤维多，最后全株死亡。果实变黄或灰绿色，已结的瓜变细，多刺。

图1-9　缺氮

发病原因

　　常发生缺氮的地块往往是在土壤中大量施用了未经腐熟的稻壳、麦糠、锯末等有机物，它们在分解的过程中微生物大量占有了土壤中的速效氮，而使黄瓜呈现氮饥饿的状态。另外,在栽培地块为漏沙地或新垦生地,或是为防苗病取用生土做床土时,追施肥不及时,也会发生缺氮的情况。

➕ 防治方法

施足底肥,不要用未经腐熟的有机物做基肥,适时追肥是预防黄瓜缺氮的最基本方法。发现缺氮时,连续在叶面喷用尿素 300 倍液加葡萄糖粉 100 倍液,可以较快地消除症状。

2. 氮过剩

17

主要症状

上部叶片正常,下部叶片出现较多斑点(图 1-10)。氮过剩容易促使黄瓜植株体内蛋白质和叶绿素大量形成,使植株发生徒长,叶面积增大,叶色浓绿,叶片下披互相遮阴,影响植株间的通风和透光。

图 1-10　氮过剩

3. 缺磷

主要症状

生育初期叶片浓绿,后期叶面出现褐色斑是作为缺磷

诊断时的主要依据。此外苗期缺磷时,叶色浓绿,植株发硬、矮化,叶片小,稍向上挺。定植后植株停止生长,叶色浓绿,后期叶面出现褐色斑,果实成熟晚(图 1-11,1-12)。

图 1-11　苗期缺磷　　　　　图 1-12　定植后缺磷

　　多发生在连年种植土壤已经酸化的日光温室。地势低洼、地下水位浅、排水不良也会使磷的活性降低,导致速效磷不足。另外,当土壤持续低温时,黄瓜根的吸收能力降低,同样也会发生缺磷的情况。

防治方法

　　一般不容易发生缺磷的问题,缺磷时,用磷酸二氢钾 500 倍液或过磷酸钙 200 倍的浸提液喷洒植株或者灌根。

4.磷过剩

主要症状

①植株常表现为叶片肥厚而密集。

②生殖生长提前,常引起植株早衰。

③以缺锌、缺铁、缺镁等的失绿症表现出来。磷过剩时黄瓜叶脉间的叶肉在叶正面和背面出现相类似的白色小斑点(图1-13至1-15)。

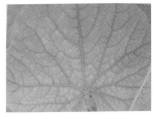

图1-13　磷过剩

图1-15　磷过剩

图1-14　磷过剩

5.缺钾

主要症状

黄瓜生长前期缺钾时，叶缘出现轻微的黄化。生育的中后期缺钾时，下位叶的叶缘变褐，接着叶脉间的叶肉褪绿黄化。黄化发生的次序特别明显，先叶缘，后叶脉间。叶缘枯死，但叶脉仍保持绿色。叶缘枯死后，随着叶片的生长，叶片会向外卷曲，且叶片也稍有硬化(图1-16,1-17)。瓜条稍短，膨大不良，常有小头、弯曲和蜂腰瓜出现。

图1-16 生长前期缺钾

图1-17 中后期缺钾

在黏质土壤或粗糙的沙壤土上种植，可能会出现缺钾的现象。地温低、光照不足、土壤过湿等条件，会影响根系对钾的吸收。施用速效氮肥过多时，由于离子的拮抗作用，也会使钾的吸收受阻。

防治黄瓜缺钾，最基本的办法是在底肥中增施有机肥和速效钾肥。黄瓜缺钾时，在根部追用速效钾肥，并用磷酸二氢钾 300 倍液或 100 倍草木灰浸提液喷洒植株。

21

6.钾过剩

①叶脉间失绿，与缺镁的症状相似(图 1-18)。

②叶缘向上卷曲,呈现凹凸状(图 1-19)。

图 1-18　钾过剩

图 1-19　钾过剩

7. 缺钙

主要症状

　　黄瓜缺钙时，黄瓜植株长势减弱，上部叶片稍变小，叶缘稍干枯，叶缘向内侧或外侧卷曲，花比正常的小，瓜条小，风味差。上部叶出现镶金边，叶脉间出现透明的斑点，多数叶脉间失绿，主叶脉仍可保持绿色。植株矮化，节间变短，顶部节间变短尤为明显，新生叶变小。老叶逐渐变为降落伞样，叶缘也可能会向上卷曲呈匙状或勺样。前期叶缘黄化部分并不枯死,但后期这些叶片则由边缘向内干枯。严重缺钙时,叶柄变脆,易脱落;植株从上部开始死亡,死组织呈灰褐色(图1-20)。

发病原因

①在土壤多肥、多钾和多氮的情况下,会阻碍黄瓜对钙的吸收。

②土壤缺水,土壤溶液浓度增高,或由于黄瓜体内产生的草酸与离子钙结合形成不溶性草酸钙,而使钙失去活性;或由于离子的拮抗或互协作用,障碍了黄瓜对钙的吸收。

③低温寡照,特别是低地温情况下,根系的吸收能力受到影响,阻碍了对钙的吸收。

④在棚室密不透风的情况下,高温高湿或低温高湿时,黄瓜的蒸腾作用受到限制,植株顶部就会发生缺钙。

图1-20　缺钙

23

➕ 防治方法

①预防黄瓜缺钙首先要严格控制氮肥用量。

②要科学浇水,确保水分均衡供应。

③进行黄瓜越冬一大茬栽培时,要选用越冬温室和耐低温、弱光的优良品种。

④棚室要保持一定的通风量,保证黄瓜正常蒸腾。发生缺钙时,及时喷施氯化钙与300倍液的尿素混合液,若与植物光合促进剂结合使用,效果更佳。

24

8. 钙过剩

主要症状

发生在下部叶上,叶脉间有黄色斑点(图1-21)。

图1-21 钙过剩

9. 缺镁

主要症状

进入结瓜盛期时,从下部叶开始,叶脉间的绿色逐渐变为黄色,而后发展成为除了叶缘为绿色外,叶脉间均黄化,成为"绿环叶"(图1-22)。如果在进行土壤消毒后不久就施肥定植黄瓜，上述症状也可能在中部叶上出现。在生育后期继续缺镁时，除了主叶脉和叶缘残留绿色外，其余全部黄白化。有时失绿区有大块的下陷病斑，最后这些斑块坏死，叶片枯萎(图1-23)。

🌱 发病原因

在石灰质土壤上，当施用氮肥、钾肥，特别是磷肥过多时，容易出现缺镁的情况。冬季温室温度过低影响到对镁的吸收时，也会发生缺镁的症状。

➕ 防治方法

基肥中增施有机肥和在老的棚室里施用硫酸镁是预防缺镁发生的有效措施。发生缺镁时，在叶面喷用硫酸镁100倍液。

图1-22　缺镁造成的绿环叶

图1-23　生育后期继续缺镁

主要症状

黄瓜缺铁时，新叶除叶脉外叶肉全部黄化，但随后叶脉也渐渐褪绿，严重时整个叶片呈现柠檬黄色、白色，甚至脱落(图1-24)。腋芽有时也出现相同的症状，生长停滞。

图1-24 缺铁

发病原因

在偏碱的土壤上种植,极易发生缺铁,特别是在大量施用磷肥的情况下,磷与铁结合成难溶性的磷酸铁,很容易发生缺铁的情况。另外,土壤过干或过湿,黄瓜根的吸收机能下降,也会使铁的吸收受阻。

防治方法

对缺铁的土壤每亩施用硫酸亚铁2~3千克做底肥。缺铁时,叶面喷用硫酸亚铁或氯化亚铁500倍液,再加入尿素300倍液,每5天喷1次,连用3~4次,可使叶面复绿。

主要症状

　　主要发生在幼嫩部位，生长点附近的节间明显缩短，生长点生长缓慢甚至停滞。上部叶沿支叶脉和网叶脉叶肉皱缩，叶缘出现不整齐的褪绿斑，叶脉萎缩而使叶片皱缩，但叶脉间不黄化(图 1-25)。瓜条表面出现木质化或有污点，切开瓜条可见心部变褐(图 1-26)。

发病原因

①棚室连作的情况下，土壤丢失的硼未能及时补充。

②在施用有机肥少或粗沙性的土壤上种植。

③在多肥、多钾、多氮的情况下，会阻碍硼的吸收。

27

图 1-25　缺硼

图 1-26　缺硼的瓜条

④低温弱光下,可能会影响根系对硼的吸收,可能会使硼与钙结合降低硼的活性,也可能会因蒸腾率降低,使硼运输不畅。

➕ 防治方法

每隔3~4年每亩施用1~1.5千克的硼砂底肥或早期追肥。增施磷肥可加快对硼的吸收。发生急性缺硼时,喷施300~500倍液的硼砂,再喷施300倍液的尿素。在冬季生产时,可喷施植物光合促进剂和光呼吸抑制剂。

12.硼过剩

主要症状

硼过剩对黄瓜生育前期的危害最大。出土后第1片真叶的顶端变褐色,向内卷曲,逐渐全叶黄化。幼苗生长期间,较下部的叶片边缘出现黄化,叶片边缘呈黄白色,其他部分的叶色不变(图1-27)。

图1-27 硼过剩

💟 发病原因

①连续施用硼肥。

②含硼较高的工业废水流入过田间。

✚ 防治方法

土壤已经酸化的地块或酸性土壤地区,在土壤休闲期施入石灰,或在黄瓜生长期间施用碳酸钙,提高土壤酸碱度,降低硼的溶解度。土壤中硼过量时,可以通过浇大水来淋失一部分可溶性硼,之后再结合施入石灰或碳酸钙。

13.缺铜

📠 主要症状

黄瓜植株缺铜时,上部叶片下垂是其典型症状。生长点附近的幼叶小,畸形,边缘向上翻转成勺形(图1-28)。叶片出现黄化,黄化不仅发生在上部叶片,有时也会扩展到下部叶片。后期叶片呈深绿色到褐色,并出现坏死,叶片枯黄。

💟 发病原因

在黏重和富含有机质的土壤中,铜很难被吸收,很容易发生缺铜的现象。

29

图1-28　缺铜引起的勺状叶

30

防治方法

在底肥中每亩施用硫酸铜1~2千克，可以预防缺铜的发生。在黄瓜缺铜时，叶面喷洒硫酸铜3000~3500倍液，再按300倍液的浓度加入尿素，连用2~3次。

14.铜过剩

主要症状

黄瓜下部叶的叶脉间变黄，生长发育受阻，节间变短（图1-29）。根也出现生长不良，根尖变短且有分枝根（图1-30）。

图 1-29　铜过剩

图 1-30　铜过剩对根部的影响

31

二、生理病害典型症状的发生与防治

1.枯边病(焦边叶)

主要症状

　　枯边病(图 1-31 至 1-33)植株叶片均可发病,但以中部叶片发病最重。发病的叶片多是在部分叶缘或整个边缘发生干枯,枯边宽度 2~3 毫米一圈。

🌱 发病原因

①盐害：土壤盐分的浓度过大，易造成盐害。

②药害：喷农药时，药液的浓度过大，药液过多，停留于叶缘造成的药害。

图 1-31．盐碱危害引起的枯边

图 1-32　药害引起的枯边

图 1-33　高温高湿突然放风引起枯边

③棚室温度过高的情况下,突然通大风,叶片过急失水所致。

➕防治方法

①盐害防治方法:首先要科学施肥,采用测土配方施肥,多施有机肥,追肥要掌握合理的用量,尽量使用没有副成分的肥料,严格控制速效氮肥用量;其次可灌水洗盐,在夏季灌水泡田洗盐,一般灌满20厘米或采用淹水覆膜高温处理,最好在地下预埋排水管道,将洗盐的水排出田外;第三,生物排盐,发生积盐的棚室生产结束后,不揭棚膜,种植玉米,然后适时掩青做绿肥。

②药害防治方法:用药时,注意药剂的施用浓度和使用量,药量以叶面湿润而药液不滴下为度。若已发生药害,则立即喷洒清水2~3次;若农药是酸性的,则喷洒小苏打800倍液;若农药是碱性的,则喷洒米醋100倍液;若是有机磷农药则可喷洒肥皂水500倍液。

③正确通风方法:通风时,要逐渐加大通风量,不要突然大通风,避免通风过大或过急。

33

2.镶金边(黄边叶)

 主要症状

镶金边(图1-34,1-35)叶子边缘出现比较均匀一致的黄边,组织一般不坏死。

 发病原因

通常是典型的缺钙症状,可能的原因有如下几种。

①在土壤缺水时,土壤溶液浓度增高,会发生氨和钾

图1-34　干旱缺水影响钙吸收引起的镶金边

图1-35　低地温下的镶金边

的拮抗作用,使根系对钙的吸收受阻。

②低地温阻碍了根系对水分的吸收,使钙的吸收受阻。造成低地温的原因有:一是冬季低温寡照时,温室保温性能差;二是温室保温性能好,但在遭遇持续的连阴雾天时,地温降至12℃以下。

③土壤积盐,溶液浓度升高,氮和钾离子产生拮抗作用,使根系对钙的吸收受阻。

✚ 防治方法

①因缺水引起缺钙时,浇水使土壤溶液稀释,再发生的新叶就不会再出现镶金边现象,但已出现的镶金边症状较难消除。

②因低地温引起缺钙时,首先选用具有良好采光和保温性能的优型日光温室;其次注意加强温室的保温,必要时采用适当的人工补温措施,从而使地温、气温不降到12℃以下,注意也不能过高。同时采用救根促根措施,恢复会更快一些。

③因土壤积盐引起缺钙时,要采取措施避免和消除土壤积盐,可参照枯边病中的盐害防治方法。

3.黄化叶

 主要症状

黄化叶(图1-36,1-37)主要发生在中上部叶片上,从收获期开始;早晨在叶子背面出现水浸状,中午消失,植株的根量明显较少。

 发病原因

①黄瓜生长势比较弱,可能是品种的问题。

②土壤盐渍化引起植株生长势变弱。

③前期使用肥水过勤过大,根量少,叶片中营养元素不平衡。

④遭遇低温连阴天。

图1-36 黄化叶初期

图1-37 黄化叶后期

✚ 防治方法

①选择生长势强的品种。

②若土壤盐渍化,则要改善土壤环境,为根系的发达提供条件,可参照枯边病中的盐害防治方法。

③前期严格控制肥水,特别是氮素化肥的作用。

④增加温室的采光和保温性能。

4.叶烧病(日灼病)

主要症状

叶烧病(图1-38,1-39)多发生在植株的中上部叶片,尤其是接近棚膜的叶片最为严重。叶烧病初期叶绿素减少,叶片的一部分变成白色,后变成黄色枯死。叶烧病轻者叶缘烧伤,重者半个叶片或整个叶片烧伤。

图 1-38　叶烧病初期

图 1-39　叶烧病后期

叶烧病是由高温引起的。在相对湿度低于80%时,遇到40℃的高温就容易产生高温伤害,尤其是在强光照的情况下更为严重。高温闷棚控制霜霉病,处理不当极易烧伤叶片。

防治方法

首先,作好棚室的通风管理,避免长时间出现35℃以上的高温。当阳光照射过强时,棚室内外的温差过大,不便通风降温时,可采用遮阴办法降温。棚室内的温度过高、相对湿度过低时,可喷冷水雾。

第二,高温闷棚要严格掌握温度和时间,以生长点(龙头)处的气温44℃~46℃,维持2小时安全有效。高触棚顶时,要弯下龙头。高温闷棚的前一天晚上一定要灌足水,以提高黄瓜植株的耐热能力。

第三,黄瓜生长期间根据田间土壤湿度及时浇水,避免高温、缺水引起急性叶烧病的发生。

花斑病(图1-40)的主要症状是叶脉间的叶肉形成深

浅不一的花斑。之后花斑中的淡色部分逐渐变黄，叶片表面出现凹凸不平，凸出的部分呈黄褐色，最后整个叶片变黄、变硬;随着叶片的变硬,叶缘四周下垂。

图1-40 花斑病

发病原因

由于夜间温度低,尤其是上半夜的温度低于15℃。黄瓜叶片白天进行光合作用, 制造的碳水化合物不能及时输送出去,在叶片中大量积累造成的。另外,定植初期土壤湿度过低,根系发育较差,引起叶片老化,与生理抗性较低也有关系;钙元素、硼元素不足,也影响碳水化合物在植株中正常转移,在叶片中积累,引起花斑病。

39

防治方法

首先,适时定植,前期通过中耕松土等措施提高土壤的温度,促进根系的发育。合理施肥,增施充分腐熟的有机肥,注意不要缺钙、硼、镁。结瓜后,要均匀灌水,不能控水过度。做好保温工作,防止夜间温度过低。

第二,适时摘心,适当打掉底叶,避免过量施用含铜药剂。

6.褐色小斑症

 主要症状

褐色小斑病(图1-41)初期，沿着叶脉出现褐色小斑点，或者叶脉出现油浸状，全叶出现小斑点，叶片仍可生长发育；严重时，叶脉间出现黄褐色条斑，叶片枯死，果实多数发育不良，出现果形短、不整齐等症状。

图1-41 褐色小斑病

发病原因

棚室内较长时间出现气温低（气温处于10℃以下）、地温低(10厘米地温在15℃以下)、湿度大、光照不足时，较易发生这种症状。

防治方法

最基本的预防措施是选用采光和保温好的日光温室。此外，深翻增施有机肥，全面改善土壤环境条件，有助于根系发达，可增强预防效果。

7.降落伞状叶

主要症状

降落伞状叶(图 1-42,1-43)初期,在生长点附近的新叶叶尖黄化,之后叶缘开始黄化,并且黄化部分逐渐枯萎,然后叶片中间渐渐隆起,边缘翻转向后,形成降落伞状。严重时,症状会一直表现到顶叶,直到生长点龟缩。

发病原因

①低温寡照引起的缺钙。由于低地温使根系吸收能力减弱,浇水不足导致土壤溶液浓缩影响了对钙的吸收,

图 1-42　低地温下形成的降落伞叶

图 1-43　高温高湿不通风引起的伞状叶

通风不良导致蒸腾率降低等原因,造成根部吸收钙受阻。

②高温引起的缺钙。一般出现在4月以后,中午前后温度高,且较长时间通风不良,导致蒸腾率降低从而使根部吸收受阻。

防治方法

①越冬生产时,选用采光和保温好的日光温室,保证室内温度不低于9.5℃,或出现8℃时不超过3天。

②温室中设置能够保证正常通风的上通风口,并在高温季节做到及时通风。

③补救措施:降落伞状叶一旦发生,喷施钙原2000或氯化钙来缓解症状。

8.泡泡病

主要症状

泡泡病(图1-44)初期在叶片上产生鼓泡,大小5毫米左右,大多产生于叶片的正面,少数发生于叶片的背面,致使叶片凸凹不平,凹陷处呈白毯状,叶正面

图1-44 低温高湿引致的泡泡叶

产生的鼓泡顶部,初期褪绿,后期变至灰黄色。

　　主要与气温低、日照少及品种有关。定植期过早,生长前期温度低,黄瓜幼苗长时间处于缓慢生长状态,生产上遇到阴雨天气持续的时间长,光照严重不足,后来天气突然转晴,温度迅速增高或阴天低温浇水减少,晴天升温浇大水均易发生。此外,也可能是黄瓜品种对低温、日照的不适应造成的。

＋　防治方法

　　①选用耐低温、耐弱光的品种。

　　②低温季节注意提高棚室内的地温和气温,保持地温在 15℃~18℃,下午当棚内气温降到 20℃左右就要覆盖草苫进行保温。

　　③早春浇水宜少,严禁大水漫灌致使地温降低过大,尤其注意地温的均衡。

　　④选用无滴膜,注意经常擦洗薄的灰尘,增加透光性能,必要时进行人工补光和使用二氧化碳。

　　⑤补救措施:喷施惠满丰多元复合液体活性肥料,每公顷 4800 毫升,稀释 500 倍,5~7 天喷施一次,共喷 2~3 次。

9.花打顶

主要症状

早春、晚秋或冬季种植的黄瓜,在苗期至结瓜期经常出现植株顶端不形成新叶,而是在生长点(龙头)处急速形成许多的雌花和雄花(图1-45)。

发病原因

①烧根。定植时穴施或沟施有机肥过量或没有腐熟,或施用化肥是没有与土壤充分混合;定植时地温高浇水不足或不及时引起烧根。

②沤根。当土壤温度低于10℃,田间持水量大于25%,土壤相对湿度高于75%时,根系生长受到抑制,时间一长,就会引起根系腐烂。

③伤根。根系受到伤害,长期未能恢复。

④夜间温度过低,致

图1-45 花打顶

44

使叶片变成深绿色,叶面凸凹不平,植株矮小出现生理障碍。

⑤肥害或药害。一次施肥过多(尤其是过磷酸钙)或喷洒过多的农药。

防治方法

①烧根引起的花打顶应及时浇水,使土壤的持水量达到22%,相对湿度达到65%,浇水后及时中耕。

②沤根引起的花打顶,应及时提高地温,同时进行中耕,降低土壤湿度。

③定植及耕地时注意避免伤根。

④夜温过低引起的花打顶,通过加温和保温措施。

⑤施肥用药要严格按照技术要求操作,避免对黄瓜造成伤害。

⑥补救措施

●采用500毫克/升萘乙酸水溶液和爱多收3000倍溶液混合灌根,刺激新根尽快生长。

●摘除全部大小瓜组,减轻黄瓜植株结瓜的负担。

●对植株喷用快速促进茎叶生长的调节剂。

●追用速效氮肥(硝酸铵),浇水后闭棚,尽量保持较高的夜温。

10.褐脉病

主要症状

褐脉病(图1-46)在早春栽培时容易发生,首先叶片的网状叶脉变褐色,接着支脉变褐色,然后主脉变褐色。把叶片对着阳光观察,可见叶脉变褐部分坏死。有

图1-46 褐脉叶

时沿着叶脉出现黄色小斑点,并扩大成条状,先从叶基部开始,几条主脉呈褐色。

发病原因

①过多使用含锰农药,由锰元素过多引起的。

②土壤过酸或过碱。

③氮肥和钾肥施用过多等。

防治方法

①控制含锰农药施入量和使用次数,同其他农药交替使用。

②改良土壤,避免过酸或过碱。

③施用充分腐熟的粪肥,适时适度追肥。氮磷钾肥合理搭配,避免氮肥和钾肥施用过量,也要注意钙肥的使用。

11.茎蔓徒长

主要症状

茎蔓徒长（图1-47），叶片直径超过23厘米；叶柄长超过11厘米，叶柄与主蔓夹角小于45度；节间长，在10厘米以上；茎秆粗在0.8厘米以上；叶色

图1-47 茎蔓徒长

淡,卷须发白,侧枝长出的早,摘心后出现小蔓。雌花弱,子房小,瓜条和叶片大小不相称,化瓜现象严重或瓜组多但不甩瓜。

发病原因

①氮肥使用过多,首次肥水施用过早。

②光照不足,或温度偏高,特别是夜间温度过高,昼夜温差小。

防治方法

①合理施用氮肥,掌握好第一次开肥开水的时间。

②掌握适宜的管理温度和合适的昼夜温差。

补救措施：

●在叶面喷洒相当于正常使用浓度 1.7~2 倍液的微肥（叶肥）或是营养治疗药剂（如 200~250 倍液的绿风95）。高浓度药液或肥液可能导致叶片出现临时变形，但可恢复。

●降低夜间的管理温度，将最低温下降至 8℃左右，连续处理 5~6 天，以抑制茎叶的生长。

●适当控制浇水，白天加强放风，从而降低棚室内的和黄瓜叶片内的水分含量，以抑制茎叶的生长。

48

12.整株急速萎蔫

主要症状

整株急速萎蔫（图 1-48）主要存在三种情况：一是气温高、风量大、植株长大的时候，地上茎叶在中午前后突然出现萎蔫死亡，一般要持续几天；二是苗茎灼伤而死；三是低温连阴雾天或雪后骤晴出现的急性死亡。

图 1-48　整株急速萎蔫

发病原因

①茎叶在中午前后突然出现萎蔫死亡的原因一般有两个：一是在自根苗定植后的搭丰产架期间，肥水使用过多，特别是速效氮肥使用过多，导致根量少，吸水不足，导致植株高大时出现此症状；二是嫁接质量差或亲和力不好时，导致输送水分的导管联通不畅出现此症状。

②肥害导致苗茎灼伤而死，多是由于施用底肥时，化肥撒到地面没能与土充分混匀，在定植时将肥料随土收到植株的根颈部导致症状发生；或是追用氮素化肥直接撒到植株的根颈部，导致症状发生。

③低温连阴雾天和雪天骤晴，揭开草苫之后植株突然死亡。其最直接的原因是地温、气温不协调造成的。

防治方法

①高温时期。预防温室高温时期植株急速萎蔫需要从育苗和前期管理上下工夫。

②肥害灼伤苗茎。通过底肥中大量增施有机质含量高的秸秆堆肥、牛粪等，充分混合肥料和土等措施进行预防，通过进行根外追肥和喷洒植物生长激素进行缓解症状。

③低温时期，特别是连阴雾天和雪后骤晴所引起的

植株急速萎蔫,可以通过种子冷冻处理、低温炼苗、选择冷尾暖头的连晴天定植、加强覆盖保温(增加二次覆盖或地膜覆盖)、临时人工补温措施、喷用防寒药物(植物抗寒剂、青霉素等)等方法进行防止。

13.生理性枯干

主要症状

日光温室冬春茬和大棚春提早茬黄瓜定植后,植株的叶子由下向上陆续干枯脱落,有的只留下上部1~2个绿叶(图1-49)。

发病原因

这是低温冷害后发生的一种生理性病害。定植后浇水遭遇连阴天,可见植株

图1-49 生理性枯干

量极少且已受损。因此,其实质是根系因低温受到损伤所致。

防治方法

①棚室的地温达到定植要求的温度指标后,选择连

续晴天的初日开始定植。定植时遇到阴天要干栽不浇水，需等到有把握的连续晴天到来时再浇水。

②已经出现症状时，等待阴天结束，先灌用5毫克/升的萘乙酸水溶液加爱多收进行促根；同时在茎叶上喷用瓜类专用生长促进剂、天然芸苔素、科资891、动力2003和天达-2116；并随水冲入硝酸铵(每亩用10千克)。然后封闭温室尽量提高温度，大约过7~10天，待植株长出一大截后，再转入正常的温度管理。

14.化瓜

主要症状

结瓜期，黄瓜出现大量小瓜纽长不成商品瓜而化掉(图1-50)。通常黄瓜出现的化瓜少于1/3时，是正常现象。

发病原因

①植株密度大，造成行间遮阴，光照弱，光合产物少，植株易徒长，小瓜长时间不长，因长时间饥饿而化掉。造成密度大的原因有等行距种植行距小于

图1-50　化瓜

0.8米、大小行草苫后,未散失的土中贮热会使温室夜温与白天气温差别不大,造成白天制造养分不多,夜间呼吸消耗却很高,造成大量化瓜。同样,冬春茬黄瓜在进入高温管理时,若夜温掌握不当,也会出现大量化瓜。

②土壤干旱缺水或一次灌水过大。土壤缺水干旱不仅会出现化瓜,而且还会出现弯曲、大肚和尖嘴畸形瓜。一次灌水过大,致使根系吸收功能下降,出现化瓜。浇水过大通常与采用畦作,或在大行间没有扶起垄而实际形成的满畦浇水有关。

③喷用不适宜的农药。喷药浓度过高、受到有害气体毒害时,轻度危害可能使叶片正常的生理活动遭破坏,而药害严重时就会使叶片受到损伤,特别是使一部分功能叶凋萎干枯;另外,病虫害造成的功能叶干枯等,也会出现化瓜。

④追用速效氮肥过早,水肥和温度管理不当引起茎叶徒长时,也会造成雌花减少,化瓜严重。

⑤选用的黄瓜品种对日光温室的高温、高湿,或大肥大水的管理不能适应,常表现出化瓜严重或瓜量急剧减少的情况。

⑥植株生长瘦弱,大瓜不能及时采摘,后续的瓜组因为不能及时得到充足的养分和水分而化掉。

⑦黄瓜育苗时,特别是冬春茬、春提早育苗时,多次使用乙烯利、增瓜灵等来促进雌花分化,会造成雌花过多,会出现大量的瓜纽化掉。

✚ 防治方法

在预防方面,通常通过适当稀植,加强通风透光,培育壮根,适时早摘根瓜,防止温度忽高忽低,特别要注意连阴天和骤然降温的不利影响,注意保温和保持适度的昼夜温差,防止补温过度,特别是防止夜温过高,充分利用阴天下的散射光,同时注意加强肥水管理和病虫害防治,就可以大大减少非正常的化瓜。

当出现大量非正常化瓜时,使用促进坐果的坐果灵涂抹或喷瓜纽(但不可整株喷洒),也有一定效果。

15.畸形瓜

主要症状

头尖屁股大的尖嘴瓜、头大屁股小的大头瓜、瓜条长成了弯曲样的弯曲瓜、瓜条两头粗而中间细的蜂腰瓜、瓜条上有白粉状物且在水中不脱落的起霜瓜、瓜条呈现纵向开裂的裂果瓜等都属于畸形瓜(图1-51至1-54)。

54 图1-51 尖嘴瓜 图1-52 大头瓜 图1-53 弯曲瓜 图1-54 蜂腰瓜

发病原因

①尖嘴瓜形成原因：一是品种的单性结实能力弱，在不受精的情况下，就要结出尖嘴瓜；二是在瓜条发育的前期温度过高，或已经伤根，或肥水不足都容易发生尖嘴瓜；三是土壤积盐严重；四是植株已经衰老、强行过多地打叶。

②大头瓜形成原因：一是受精不完全，前端受精好，照常发育，中后部没经受精的部分由于养分被前部夺走，而长得细小；二是瓜发育前期水肥充足，随后水肥缺乏，

也会促成大头瓜的形成。

③弯曲瓜形成原因：一是受精不完全，只有一侧受精，造成瓜的一侧发育好，一侧不好，结果就长歪了；二是有的子房(小瓜组)是弯曲的；三是单性结实的品种容易形成弯曲瓜；四是机械作用，如绑绳、吊绳、卷须等缠住了瓜组，瓜条发育被架杆、瓜蔓阻夹等；五是光照、温度、湿度等条件不适，或水肥供应不足，或摘叶过多，或结果过多。

④蜂腰瓜形成原因：一是受精不良，或瓜条发育过程中肥水供应时好时坏；二是缺硼形成蜂腰瓜。

⑤裂果形成原因：土壤长期缺水，而后浇水，或在叶面上喷施农药、营养液时，瓜条突然得到水分之后容易发生。

16. 瓜佬

主要症状

在黄瓜栽培中，有时偶尔结出的黄瓜如同香瓜一样的瓜蛋，称为瓜佬(图1-55)。

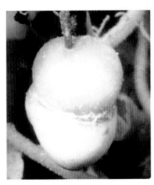

图1-55 瓜佬

发病原因

在花芽发育的过程中，存在一个时段既有利于雌花的形成，又有利于雄花的形成，就可能形成两性花(完全花)由两性花结出的黄瓜，就可能是瓜佬。

第二部分

甜 瓜

第一节 品种选择

一、不同茬口的品种推荐

设施类型	茬口名称	栽培季节	品种特性	品种推荐
改良式日光温室（暖棚）	冬春茬	播种期：12月上旬 定植期：1月中旬 收获期：3月下旬~5月	早熟、耐低温、耐弱光、抗病性强	伊丽莎白、丰雷、白元首、红城10号、白元首瑞龙、丰甜1
	秋冬茬	播种期：8月下旬 定植期：9月上旬 收获期：12月~1月	中熟或中早熟、抗病性强、耐贮存	蜜世界、伊丽莎白、丰雷
日光温室	春提前	播种期：1月中旬 定植期：2月下旬 收获期：5月~6月	早熟或中早熟、抗病性强	丰雷、甜9号、元首、白元首、雪龙、雪龙2号、顶甜2号、津甜98、津甜
	秋延后	播种期：7月下旬~8月上旬 定植期：8月中旬 收获期：10月~11月	早熟或中早熟、耐高温、耐低温、耐弱光、抗病性强	伊丽莎白、雪龙、雪龙2号、丰甜1号
塑料大棚	春季栽培	播种期：2月中下旬 定植期：3月下旬 收获期：6月~7月	此时期为甜瓜最宜栽时期，对甜瓜品种无特殊要求	丰雷、白元首、甜9号、伊丽莎白、花蕾、花蕾2号、红城10号、碧龙、金蜜龙、景蜜糖王A-88
	秋季栽培	播种期：7月下旬 定植期：8月上旬 收获期：10月	耐高温、抗病性强、抗逆性强	伊丽莎白、丰雷、雪龙、金利1号

二、主要优良品种

元首(图2-1)由天津科润蔬菜研究所育成的特色厚皮甜瓜品种,条纹类型。属中早熟品种, 全生育期100天左右,植株长势中等,果实发育期约

图2-1　元首

40天。坐果能力强,适于春季塑料大棚栽培。果实高圆形,果皮绿色,成熟时略转黄,果面覆10条灰色条带,平均单果重2千克,最大可达3~4千克,果肉橙红色,肉质酥脆,爽口,香甜,口感风味极佳。可溶性固形物含量17%,肉厚4厘米以上,果皮薄,耐贮运。

59

图2-2　丰雷

丰雷(图2-2)由天津科润蔬菜研究所育成的厚皮甜瓜品种,条纹类型。属早熟品种,全生育期95天左右, 果实发育期约35天。植株长势中等, 果实圆形,果皮黄绿,沟肋明显,外形独

特,品质香甜浓郁,抗逆性强,适于全国大部分地区种植。单果重 1.3～1.5 千克,果肉浅绿,肉质细腻,风味芳香。汁多肉甜,清香高雅,口感风味极佳。可溶性固形物含量 16%,肉厚 3.5 厘米,耐贮运,坐果力强,回头果坐果较多,可采用地膜、小拱棚、大拱棚、日光温室、暖棚等多种栽培方式。

图 2-3　甜 9 号

3. 甜 9 号

甜 9 号(图 2-3)由天津科润蔬菜研究所育成的早熟、黄皮、大果厚皮甜瓜品种,以早熟、高产、耐贮运而著称。植株长势健壮,综合抗性好,坐果率高且整齐一致。果实成熟期 38 天,单果重 2 千克以上。果实圆形,果皮黄色,果肉浅绿,肉厚 4 厘米,成熟后可溶性固形物含量 16%,肉质较脆,货架期长。适于保护地春季栽培。

4. 伊丽莎白

伊丽莎白 (图 2-4)是 20 世纪 60 年代从日本引进的早熟、厚皮甜瓜品种,黄

图 2-4　伊丽莎白

皮类型。特点是对光照要求不严格,适应性广,抗性较强,易栽培。其主要性状为果实圆形,黄皮白肉,质细多汁,味甜,可溶性固形物含量14%~16%。单果重0.4~1.0千克,亩产1500~2500千克。全生育期90天,开花坐果后30天即可成熟。可采用地膜、小拱棚、大拱棚、日光温室、暖棚等多种栽培方式。

5.白元首

白元首(图2-5)由天津科润蔬菜研究所育成的早熟、厚皮甜瓜品种,白皮类型。植株长势中等,叶色深绿,叶片缺刻较深。雌花发生早,坐果性好,综合抗性好。果实发育期37天,果实长卵形,果形指数1.22。成熟果皮白色,低温期略有黄晕,平均单果重1.4千克,最大2.3千克。果肉厚3.5厘米,可溶性固形物含

图2-5　白元首

量16%,肉质脆质、多汁,口感风味俱佳,耐贮运性好。适于我国东部地区暖棚、日光温室和大棚栽培。

6. 雪龙

雪龙(图 2-6)由天津科润蔬菜研究所育成的早熟、厚皮甜瓜品种,白皮类型。外观晶莹剔透,口感清脆爽口,商品率高,货架期长。植株长势健壮,综合抗性好,易坐果。果实成熟期38天,单果重1.8千克。果实高圆形,果皮白色,果肉浅绿,肉厚3.8厘米,成熟后可溶性固形物含量17%,果肉脆质,耐贮运。适于保护地春秋栽培。

图 2-6 雪龙

7. 雪龙 2 号

图 2-7 雪龙 2 号

雪龙 2 号(图 2-7)由天津科润蔬菜研究所育成的早熟、厚皮甜瓜品种,白皮类型。本品外观晶莹剔透,口感清脆爽口,商品率高,货架期长。植株长势健壮,综合抗性好,坐果整齐一

致。果实成熟期38天,单果重1.7千克。果实圆形,果皮洁白如玉,果肉绿色,肉厚3.8厘米,种腔小,成熟后可溶性固形物含量17%,果肉脆质,耐贮运。适于保护地春秋栽培。

8.蜜世界

图2-8 蜜世界

蜜世界(图2-8)由台湾省农友种苗公司选育的杂种一代甜瓜品种,厚皮白皮类型。果实长球形,果皮淡白绿色至乳白色,果面光滑,但湿度高或低节位结果时,果面偶有稀少网纹。单果重一般为1.4~2千克。肉色淡绿,刚采收时肉质较硬,经数天后熟,果肉软化后,其优良品质才得以表现。酥脆可口,质柔软,细嫩多汁,可溶性固形物含量14%~16%。低温结果力强,果实发育期50天左右。果肉不易发酵,不落蒂,耐贮运性强。

9.金蜜龙

金蜜龙(图2-9)由天津科润蔬菜研究所育成的网纹厚皮甜瓜品种,2006年通过国家甜瓜新品种鉴定。该品种株型较矮,长势健壮。雌花发生早,坐果性好,抗白粉病、霜霉病

63

等甜瓜多发病害,成熟后不落蒂。果实高圆,略呈卵形,果皮黄色,果实成熟期50天,平均单果重1.5千克,最大3.2千克。果皮表面网纹中等,分布均匀。果肉厚3.9厘米,可溶性固形物含量17%,果肉橙色,肉质脆嫩多汁,口感风味俱佳。高产,耐贮运好。因成熟时果皮转黄,可避免生瓜上市。

图 2-9　金蜜龙

10. 碧龙

　　碧龙(图 2-10)由天津科润蔬菜研究所育成的早熟类型网纹厚皮甜瓜品种,2007年通过国家甜瓜新品种鉴定。本品种对低温耐性好,早春栽培坐果率高,整齐一致。植株长势中等,叶色浓绿,节间较短,果实成熟期 48 天,单果重 1.8 千克。果皮浓绿色,果面密覆网纹。果肉碧绿色,肉厚 4 厘米,成熟后可溶性固形物含量 17%,果肉脆质,货架

图 2-10　碧龙

期长,耐贮运。适于春秋保护地栽培。

11. 瑞龙

瑞龙(图2-11)由天津科润蔬菜研究所育成的网纹厚皮甜瓜品种。本品种网纹均匀,果形周正,外观漂亮,植株长势中等,叶片较小,适于保护地弱光条件栽培。果实成熟期50天,单果

图2-11　瑞龙

重2千克左右,果皮灰绿,网纹均匀,果肉黄绿色,肉厚4.5厘米,可溶性固形物含量17%。果肉柔嫩多汁,风味清香优雅。适于春季保护地栽培。

12. 金利1号

金利1号(图2-12)由天津科润蔬菜研究所育成的网纹厚皮甜瓜品种。植株长势健壮,抗病性强,丰产性好。果实发育期45天,果实高圆型,平均单瓜重1.8千克。果皮金黄色,果面网纹发生稳定,肉质脆,口感好,货架期长。耐贮运。

图2-12　金利1号

13.顶甜2号

图2-13 顶甜2号

66

顶甜2号(图2-13)由天津科润蔬菜研究所育成的薄厚皮杂交甜瓜品种，果实成熟期35天。平均单果重0.6千克，单株可结瓜4~5个，可溶性固形物含量18%。果实短筒状，果皮青白绿色，果肉绿色，香味浓郁。抗性好，连续坐果性好。适于春季保护地和露地栽培。

14.津甜98

津甜98(图2-14)由天津科润蔬菜研究所育成的薄厚皮杂交甜瓜品种。果实成熟期30天，平均单果重0.8千克，单株可结瓜4~5个，可溶性固形物含量16%。果实椭圆形，果面有白色条带，果皮金黄色，果肉白色。适于春季保护地和露地栽培。

图2-14 津甜98

15.丰甜1号

丰甜1号是合肥丰乐种业股份有限公司育成的薄厚

皮杂交甜瓜品种,极早熟,果实成熟期 30 天。果实椭圆形,果皮金黄色,具银白色条带,果肉白色,肉厚 2.5~3 厘米,肉质细脆,味香甜,可溶性固形物含量 14%~16%。平均单果重 1 千克,最大可达 1.5 千克。适于露地栽培及保护地栽培。

16.津甜 100

图 2-15　津甜 100

津甜 100(图 2-15)由天津科润蔬菜研究所育成的薄皮杂交一代品种。果实成熟期 30 天,单果重 400~600 克,单株可结瓜 6~8 个,可溶性固形物含量 16%。果实梨形,果皮白色,果面光洁,果肉白色,肉质脆,香味浓郁,口感风味俱佳。适于春季保护地和露地栽培。

17.花蕾

图 2-16　花蕾

花蕾(图 2-16)由天津科润蔬菜研究所育成的薄皮杂交一代品种。植株长势旺盛,综合抗性好。子蔓、孙蔓结果,单株可结瓜 4~5 个,平均单果重 500 克,果实成熟期30天。成熟期果皮黄色,覆盖绿色斑块,可溶性固形物含量15%以上。果实梨形,果皮果肉均为绿色,肉质脆,香味浓郁,口感风味俱佳。适于春季保护地和露地栽培。

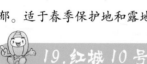

18. 花蕾2号

花蕾2号(图2-17)由天津科润蔬菜研究所育成的薄皮杂交一代品种。植株长势旺盛,综合抗性好。以孙蔓结果为主,单株可留果4~5个,平均单果重450克,果实成熟期30天。成熟期果皮灰色,覆暗绿色斑块。果肉绿色,可溶性固形物含量15%以上,肉质酥脆,口感好,香味浓郁。适于春季保护地和露地栽培。

图2-17 花蕾2号

19. 红城10号

红城10号(图2-18)由内蒙古大民种业有限公司育成的薄皮甜瓜品种。中早熟,生育期65~70天,开花至果实成熟28天左右,果实呈阔梨形,成熟时标准单瓜重300~500克,果皮黄白色,表面光

图2-18 红城10号

滑,外形美观,皮薄肉厚,香味浓郁,口感甜脆。植株抗逆性强,果实耐贮运,棚室栽培较低温度下坐果率高。

20. 景蜜糖王 A-88

景蜜糖王 A-88(图 2-19)由景丰农业高新技术开发有限公司生产,薄皮甜瓜品种。适宜保护地嫁接栽培,早熟高产,耐低温、弱光,从开花至果实成熟 25 天左右,上市集中。果实阔梨形,成熟时果皮白绿微黄,皮亮有光泽,含糖量可高达 18,清香诱人,甘甜润口,肉质细腻,不倒瓤,耐贮运。坐瓜率高,子蔓、孙蔓均可结瓜,单瓜重量 350~500 克。植株生长健壮,抗干旱,节间短,不徒长,抗病性极强,耐霜霉病、白粉病、病毒病。

图 2-19　景蜜糖王 A-88

第二节　施肥方法

一、需肥特点

甜瓜正常生长发育以氮、磷、钾最为重要。氮肥可促进蔓、叶生长,保持植株健壮,为果实形成与膨大提供营养基础;磷能促进根系发育,增进碳水化合物运输,有利于果实糖分积累,改善果实风味;钾能促进茎蔓生长健壮,提高茎蔓韧性,增强防风、抗寒、抗病虫能力,增进果实品质。甜瓜在整个生育期对氮、磷、钾的吸收量以钾为最多,氮次之,磷最少,比例约为2:1:3.7,其中三要素吸收量的50%以上用于果实的发育。甜瓜对氮肥较敏感,氮肥过多茎叶徒长,导致坐果困难、品质下降,果实发育期延长。

甜瓜各生育期对各营养元素有不同的要求。幼苗期以氮为主,磷、钾次之。施用一定量的氮、磷肥有助于促进幼苗生长。植株开花后,甜瓜对氮、磷、钾的吸收量迅速增加,尤其氮、钾的吸收量增加很快;在坐果后10天左右、果实生长最快的时候出现吸收高峰。此后,随着生长速度的减缓,对氮、钾的吸收量逐渐下降,果实体积停止增长后,吸收量很少。对磷、钙的吸收高峰出现较晚,在坐果后26~27天,果实体积停止增长,进入成熟期后,对磷、钙的吸收量最多并延

续到果实成熟,对果实品质影响很大。

甜瓜植株在整个生育过程中,吸肥最旺盛的阶段是从雌花开始开放到果实停止膨大前后,约1个月时间。虽因品种类型不同,吸收高峰出现的早晚可能不同,但对各种元素的吸收规律是一致的。因此,合理施肥应根据甜瓜对各元素的吸收情况,兼顾整个生长期。播种、定植时施足底肥,追肥最迟必须在果实停止膨大之前进行。

二、施肥方法

	施用时间	肥料	施用量	施用方法	注意事项
基肥	定植前	有机肥	每亩施优质腐熟的有机肥2000~4000千克,可施厩粪和鸡粪各50%	前茬作物腾地后,清除残株、杂草,进行温室消毒。施足基肥,深翻土地30~40厘米,将土壤与肥料混匀	一定要用充分腐熟的优质有机肥
		化肥	每亩施磷酸二铵50千克,钾肥30千克		
追肥	膨瓜期	化肥	每亩随水追磷酸二铵30~40千克、硫酸钾15千克	施肥在距瓜根部20~30厘米处,挖穴或开沟施入	当幼瓜长到鸡蛋大小时即进入膨瓜期,此时是甜瓜生长需肥水最多的时期,也是追肥的关键时期。该期水量要充足,应适当控制氮肥,重施磷、钾肥

第三节 常见生理病害

一、由营养元素引起的生理病害

1.缺氮症

主要症状

图2-20 缺氮:下位叶片黄化

下部叶脉首先黄化,叶脉突出可见,最后全部发黄。而后从下部叶到上部叶逐渐变黄。植株表现为茎蔓细长、长势弱,果实多为尖果形。植株生长发育不良(图2-20)。

发病原因

做基肥的农家肥施用量少,或低温期肥料分解慢引起氮的供应不足。

防治方法

①定植前应施用充分腐熟的农家肥,提高地力。

②生长过程中如发现缺氮症状时,可追施尿素、硫铵等速效肥,也可用0.2%的尿素液肥进行叶面补肥。

③甜瓜的吸氮高峰是在授粉2周后，以后迅速下降，要注意掌握追肥时间。

 2. 氮过剩

主要症状

①植株组织柔软，叶片肥大，贪青徒长，叶色浓绿，顶端叶片卷曲，叶片易拧转，花芽分化和生长紊乱，易落花落果。受害严重的叶片、叶柄易萎蔫，植株易枯萎死亡(图2-21)。

图 2-21 氮过剩:叶片肥厚浓绿

②营养育苗土加入过量的氮素，会造成秧苗叶缘烧灼呈褐色枯边，或枯干死亡(图2-22)。

图 2-22 氮过剩:氮肥过量造成秧苗叶缘烧灼

发病原因

①过量的氮肥施入，使氮肥转化成了氨基酸进而转化成生长素,刺激了植株幼叶的快速生长。

②连茬种植，瓜农唯恐施肥不足而大量施入氮肥是造成氮过剩的主要原因。

③营养育苗土加入过量的氮素，会造成秧苗烧根中毒枯死现象。

➕ 防治方法

①测土施肥，多施有机肥，严格掌握化肥的施入量。

②秸秆还田加强土壤的通透性，避免硝态氮的产生及中毒现象。

③增加灌水，减轻因氮过量引起的中毒症状。

3.缺磷症

主要症状

缺磷的幼苗矮化，叶色浓绿硬化。生育初期叶色为浓绿色，叶片小，稍向上挺，严重时下部叶发生不规则的褪绿斑（图2-23，2-24）。

图2-23　缺磷：下部叶片僵化褪绿斑驳叶片

图2-24　缺磷：后期叶上有枯斑

 发病原因

①温度低时，即使土壤中磷素足亦难被吸收，容易出现缺磷症。

②生育初期，叶片小且叶色浓绿，缺磷的可能性大。

③甜瓜吸磷高峰是瓜膨大后期，此时缺磷则品质下降。

防治方法

①用0.2%的磷酸二铵或磷酸二氢钾根外追肥见效快。

②缺磷时，生育途中防治比较困难，应于定植前施足有机肥料。

4.缺钾症

主要症状

在生长早期，下部叶缘首先出现轻微黄化，然后叶脉间黄化，生长中后期，中部叶附近也出现上述症状，且叶缘枯死，随着叶片的不断生长，也向外侧卷曲(图2-25)。

图2-25 缺钾：下位叶的叶缘出现黄化

发病原因

①在沙土等含钾量低的

75

土壤中易缺钾。

②施用堆肥等有机质肥料和钾肥少,供应量满足不了吸收量时易出现缺钾症。

③地温低、日照不足、过湿等条件阻碍了对钾的吸收。

④施氮肥过多,产生对钾吸收的拮抗作用。

➕ 防治方法

①施用足够的钾肥,特别是在生育的中后期,注意不可缺钾。

②甜瓜植株对钾的吸收量平均每株为 7 克,与吸收氮量基本相同,确定施肥量要考虑这一点。

③施用充足的堆肥等有机质肥料。

④如果钾不足,可用 0.3%~1%硫酸钾、氯化钾喷施,或施用生物钾肥等及时补充。

🖥 主要症状

多在植株生育进入结果期后发生。老叶叶脉之间叶肉褪绿黄化,形成斑驳花叶,叶片发硬,叶缘稍向上卷翘。缺镁症状与缺钾症状相似,区别在于缺镁是从叶内侧失绿,缺钾是从叶缘开始失绿(图 2-26,2-27)。

发病原因

①土壤中含镁量低，如在沙土、沙壤土上未施用镁的露地栽培易发生缺镁症。

②氮肥用量过多，土壤呈酸性，影响对镁的吸收，尤其是保护地栽培反应更明显。钙中毒，土壤呈碱性，也能影响镁的吸收。

③低温时，氮肥、磷肥施入过量，有机肥不足，也是造成土壤缺镁的重要原因。

图 2-26　缺镁：从叶内侧失绿

图 2-27　缺镁：重度缺镁

77

防治方法

①增施有机肥，合理配施氮肥、磷肥，及时调试土壤酸碱度。可深耕土壤，改善土壤的物理性，从而提高根的吸收能力。补镁的同时应加补钾肥、锌肥。

②可用 0.5%~1% 的硫酸镁叶面施肥，每 10 天左右喷一次，连续 4~5 次。

6.缺钾缺镁复合症

主要症状

叶片表面出现泡状隆起，叶片背面凹陷。隆起部分褪绿，变为黄色至黄褐色。叶片边缘部分泡状隆起较多(图2-28)。

图2-28 缺钾缺镁复合症

发病原因

缺钾缺镁的根本原因不是土壤中钾、镁含量少，而是由于大量偏施氮肥，尤其是偏施硫酸铵、碳酸氢铵等铵态氮肥，抑制了根系对钾、镁的吸收，导致植株缺钾缺镁。

防治方法

①严格控制铵态氮肥的施用量，增施有机肥和磷钾肥。

②表现出缺钾缺镁症状时，应立即停施氮肥，补充磷、钾肥，叶面喷施0.2%～0.3%的磷酸二氢钾和0.5%～1.0%的硫酸镁，每2天1次，连喷2～3次，症状会逐渐消失。

7.缺钙症

主要症状

①植株：上部叶的叶脉间黄化，叶片变小，向内侧或外

侧卷曲。植株矮化较弱,雌花不充实。当连续低温、日照不足,又急剧晴天高温时,生长点附近的叶片边缘卷曲枯死。

②果实:表面产生病斑,初期呈水浸状暗绿色或灰白色凹陷斑点,逐步发展为深绿色或灰色的凹陷。果实成熟后斑点不腐烂,呈凹陷扁平状。因体内水分蒸腾作用所带钙离子不足,造成缺钙,致使瓜肉萎缩褐变,瓜皮崩裂(图2-29,2-30)。

发病原因

①土壤氮、钾多或干燥均影响对钙的吸收。

②空气湿度小,蒸发快,或土壤酸性均产生缺钙症。

③根分布浅,生育中后期地温高也容易发生缺钙症。

79

防治方法

①避免一次大量施入氮、钾肥。

图2-29　缺钙:果实初期病斑

图2-30　缺钙:果实成熟后病斑

②钙不足时,可施石灰肥料,且要深施于根层内,以利吸收。

③应急时可用 0.3% 的磷酸钙喷洒新叶。

④管理上要防止土壤过分干燥。

8. 缺铁症

主要症状

植株新叶除叶脉全黄化,渐渐地叶脉失绿,继而腋芽亦呈黄化状;此黄化较为鲜亮,且叶缘正常,整株不停止生长发育(图 2-31)。

发病原因

因铁在植体内移动小,故黄化始于生长点近处叶;及时补铁,则于黄化叶上方会长出绿叶。碱性土、磷肥过量、土壤过干过湿以及温度低等情况下,均易发生缺铁症。

图 2-31　缺铁

防治方法

①土壤 pH 值应在 6~6.5 之间,防止碱化。

②注意调节水分,防止过干过湿。

③发生缺铁症,应用硫酸亚铁 0.1%~0.5%水溶液喷洒叶面。

9.缺锌症

主要症状

从中位叶开始褪色,叶脉清晰可见;叶黄化至呈褐色枯死,叶片向外侧微卷曲;生长点近处节间缩短,新叶不黄化。缺锌与缺钾的症状区别是黄化的先后顺序不同(图 2-32)。

图 2-32　缺锌:叶窄变黄

发病原因

锌在植株体内移动比较容易,故缺锌症多在中下位叶。其原因:

①土壤 pH 值过高,使得土壤中的锌以难溶状态存在,不能被植株吸收利用。

②磷肥施用过多,若植株吸收大量的磷,即使吸收了锌也表现为缺锌症状。

③光照过强易诱发植株缺锌。

防治方法

①土壤不要过量施磷。

②一般缺锌时可每亩施硫酸亚锌 1.3 千克。

81

③应急时用0.1%～0.2%硫酸锌水溶液喷洒叶面。

10.缺硼症

主要症状

叶缘黄化并向纵深枯黄,呈叶缘宽带症,果皮组织龟裂、硬化。停止生长的果实,典型症状是网状木栓化果(图2-33)。

发病原因

硼酸与碳水化合物在植物体内的分配,缺硼时生长点坏死,花器发育不完全。新叶、茎与果实因生长停止,叶缘黄化并向纵深枯黄。大田改种蔬菜后容易缺硼。连茬、重茬、有机肥不足的碱性土

图2-33 缺硼

壤和沙性土壤,施用过多的生石灰,降低了硼的有效吸收。另外干旱、浇水不当、钾肥过剩,也会造成缺硼。

防治方法

生产中如已知土壤缺硼,可预先在基肥中加入硼肥,避免过多施入钾肥和石灰肥料,均匀供水,保证根系顺利地吸收硼。生长期间可用0.12%～0.25%硼砂或硼酸溶液喷洒叶面。

11.锰过剩

主要症状

植株下部叶片脉间开始褪绿黄化，叶片上出现褐色斑点，严重时从叶缘向内干枯，茎、叶柄的茸毛基部也呈褐色。浓度越高锰过剩出现越早，症状也越严重(图2-34)。

发病原因

锰过剩主要发生在母质含锰较高的酸性土壤上，尤其是土壤 pH 值小于 5 时，土壤水溶性锰或交换性锰增多，很容易发生锰过剩。

图 2-34　锰过剩

防治方法

对于锰过剩的土壤要增加石灰，提高土壤 pH 值，降低锰的有效性，可抑制甜瓜对锰的吸收，减轻锰的毒害。

二、生理病害典型症状的发生与防治

主要症状

主要发生在圆球形或近球形品种中,表现为瓜横径明显大于纵径(图2-35)。

发病原因

图2-35 扁平果

①幼果生长初期纵向未能充分发育。

②植株生长弱,叶形小,叶片面积不足,果实生长因得不到充足的同化养分而受阻。

③结瓜节位低,果实发育处于较低温度。

④花期为促使坐瓜而控水,后期为促进果实膨大而大量灌水施肥,易形成扁平果。

①调节栽培季节和改善设施栽培的光温条件,使果实发育处于正常温度。

②控制结瓜部位,使其在适宜部位结瓜,保证果实发育期间得到充足的同化营养。

③植株生长势差的可以推迟结瓜，必要时摘除节位的幼瓜，促进植株营养生长，而后促进其结瓜。

④开花坐瓜期要注意水分供应，控水不可太狠。

2.长形果

主要症状

与扁平果相反，瓜纵径明显大于横径，在圆球形、椭圆形等品种中表现突出，对外观影响较大，多数果实果肉较薄、含糖量较低。

85

发病原因

高节位结瓜，功能叶片大，初期生长速度快，纵径发育充分，但瓜膨大后期，由于植株早衰或叶部发生病虫害，功能叶面积骤减，养分供应不良，导致横径发育不好，形成长形瓜。

防治方法

①适当降低坐瓜节位。

②加强坐瓜后期肥水管理，防止植株早衰。

③加强叶部病虫害防治，维持叶片功能。

④整株始终保留1~2个生长点，促其不断形成新叶，防止叶片过早衰老。

3. 大肚果

主要症状

瓜肩部肥大不足,果实上小下大,呈梨形,或瓜肩部肥大,果实上大下小呈倒梨形(图 2-36)。

发病原因

瓜肥大期水分不足,瓜梗部分发育不良引起。在低温期发生较多,植株前期长势旺,后期长势衰弱情况下也易发生。

图 2-36　大肚果

防治方法

适当肥水管理,防止肥料过多,确保肥料在果实肥大期均衡发挥肥效。

4. 楼角果

主要症状

呈南瓜形,沿心室边缘肥大,果实凹凸不平。

发病原因

果实肥大后期营养状态好,肥大速度快所致。

 防治方法

注意肥水管理保证植株生育均衡。

 **5.海绵果和粗纤维果**

 **主要症状**

果肉的水分极少,纤维多且集中呈海绵状。

 发病原因

因果实肥大期的水分不足而引起。

防治方法

注意肥水管理。

6.空心果

主要症状

切开果实,可看到果皮的部分空心,果肉白色,称作空心果。

发病原因

特别是开花后25天左右,土壤干燥,易失水形成空心果。

防治方法

加强水分管理,开花、结瓜期要保持田间持水量75%~80%。在生长季节,要保持土壤干湿相间,遇涝要及时排水。在每茬瓜果成熟前要停止浇水,以增加瓜的甜度,提高品质。

7.绿条斑果

主要症状

主要发生在光皮型甜瓜上,从瓜柄基部出现5~8条不等的浓绿色条纹,但不影响果实品质。

发病原因

①在长势强的植株上发生较多。坐果后茎叶生育过旺,坐果少,氮肥过多的情况下易形成绿条斑果。

②使用激素过多也易形成绿条斑果。

防治方法

①避免施肥和浇水过多,适当控制植株长势,适当留果。

②科学使用激素类药剂。

8. 黄斑果

主要症状

白皮无网纹型甜瓜,收获时果皮表面有黄色斑点,斑点发生的部位和大小各不相同。

发病原因

果实直接暴露在阳光下,会产生黄色斑点,属高温障碍。在生长发育健全的植株上很少见,而在因土壤干燥、长势纤弱的植株上发生较多。

防治方法

①注意高温危害,适当用叶片遮阴防止阳光直射果实。

②促进根系的发育,根据植株长势适当留果并注意坐果节位要合理,纤弱植株要少留,加强水肥管理维持植株长势。

9. 污斑果

主要症状

果面出现小斑点或斑块,对光皮品种影响最大,网纹品种影响较小(图2-37)。

图2-37 污斑果:药害造成

🌱 **发病原因**

①幼瓜期果实受到喷施药剂、施肥等刺激。

②持续低温高湿、光照不足,致植株营养不良。

③持续高温高湿,加上氮肥施用过多,使植株生长细弱。

➕ **防治方法**

①控制施用药剂的浓度, 注意防止喷施药剂和施肥时喷(施)到果面上,可采用套袋栽培等措施加以防范。

②尽量控制不良天气对植株生长的影响。

③生育后期适量追施磷、钾肥,严防一次性过量施用氮肥。

10.网纹发育不良

🖥 **主要症状**

网纹甜瓜网纹不发生,或网纹生成不均匀,表面隆起不良,不美观,易形成僵果,果皮硬化(图2-38)。

🌱 **发病原因**

①直射光对果皮局部强烈照射的情况下,网纹生成不良。

图2-38　网纹发育不良

②植株生长势差、低温、日照不足等,均会影响网纹的生成。

③坐瓜节位过高或过低会导致网纹稀少。

④留瓜过多,1蔓多瓜或1株多瓜也会影响瓜的质量。

➕ 防治方法

①栽培上可通过增强植株长势、套袋等措施加以防止。

②选择适宜的留瓜节位。

③保留适当数量的果实,1蔓1瓜,1株1瓜或2瓜。

11.裂瓜

主要症状

从幼苗期到成熟期均可发生,果皮开裂露出果肉。进入果实膨大期以后,常从瓜的脐部或蒂部形成环状开裂,也可在其他部位出现纵向或横向开裂,裂果严重的常露出瓜的内部组织(图2-39)。

图2-39　裂瓜

发病原因

①甜瓜品种有差异,有些品种果皮较薄、质脆,易发生裂瓜。

②瓜肩部受阳光直射而老化,而棚内温度过高,致使果实迅速膨大致裂瓜。

③秋季果实成熟期后,昼夜温差过大易发生裂瓜。

④土壤中缺钙和硼,引起果皮老化造成裂瓜;过量追施氮肥,果肉中硝酸盐含量增高,裂瓜多。

⑤果实发育初期,温度偏低,植株生长缓慢,果实发育迟缓;后期温度升高,植株生长旺盛,果实膨大迅速,会引起裂瓜。

⑥幼瓜时期,激素使用过多易引起裂瓜。

 **防治方法**

①选择抗病品种。

②保持适宜温度,尽量防止温度变化过大。

③加强田间水肥管理。瓜坐稳后及时浇水,果实进入成熟期避免土壤水分骤变,采收前15天停止浇水,防止裂瓜。使用充分腐熟的农家肥,促进植株根系发达,增强抗裂能力,注意氮肥的施用量,增施磷、钾肥,也可叶面喷施农丰宝,提高果实的韧性。

④合理施用激素类药物。

12.化瓜

 **主要症状**

甜瓜雌花开放后,子房出现黄化,2~3 天后开始萎缩,之

图2-40　化瓜

后逐渐干枯或死掉（图2-40）。

发病原因

①土壤肥力不够,温湿度不稳定,阴冷低温天气持续时间长, 光照不足,光合作用下降,植株生长弱,造成雌花营养不良,子房因供给养分不足或得不到养分而黄化。

②栽植过密,施入氮肥过多,整枝摘心不及时,造成营养生长与生殖生长失衡。

③坐果期夜温高于18℃,呼吸作用增强,导致徒长易出现化瓜。

④棚内温湿度变化剧烈, 授粉不良影响花粉发育和花粉管的伸长。

防治方法

①采用高畦栽培,合理密植,每亩保留2000株。

②及时整枝摘心, 甜瓜甩蔓时结合绑蔓进行整枝,采用单蔓整枝、子蔓结瓜法。瓜前留1~2片叶摘心,待植株长到21片叶时摘顶, 以调节营养生长和生殖生长及增强通透性。

③进行人工辅助授粉或激素处理。开花期上午 8~10 时进行授粉,也可用 0.1%氯吡脲可溶性液剂 20 倍涂瓜柄可提高坐瓜率,防止化瓜。

13.发酵果

主要症状

主要有两种(图 2-41):

①果实生理成熟后,胎座部分逐渐发酵产生酒味和异味,是正常果实成熟过度引起的发酵果,薄皮甜瓜发生较多。

②早期出现异常的发酵果。发酵果果肉呈水渍状,果面潮湿,食味上出现刺激舌头的感觉。

图 2-41 发酵果

发病原因

主要是缺钙引起, 供钙不足时果肉的细胞与细胞间组织变形,从变形的组织开始发酵。

①钙素向果实移动受阻。氮素过剩,土壤水分过湿或植株长势过旺,常造成钙素向果实移动受阻。

②钙素吸收受阻。钙主要存在在幼嫩部位,当氮、钾元

素营养过高时,影响了钙的吸收利用。

③高温、干燥、根系发育不良、生长弱等不良条件易引起发酵果。

 防治方法

①采用甜瓜配方施肥技术,均衡合理施用腐熟有机肥,供给充足的钙镁,避免氮钾施用过量,使瓜株生长健壮。

②注意栽培环境的调控,土壤干湿度适宜,保持土壤疏松,光照充足。

③适期早收,防止成熟过度,尤其是糖分含量高的品种。

95

14. 日灼果

主要症状

向阳面的甜瓜果皮褪绿变硬呈黄白色至黄褐色,有光泽似透明革质状,后变白色或黄褐色斑块,有的出现皱纹,干缩变硬后凹陷(图 2-42)。

发病原因

甜瓜生育后期,果实上缺少叶片覆盖,尤其进入夏季,高温条件下太阳光直接

图 2-42 日灼果

照射果实,致果面温度升高,蒸发消耗水分增加,当果面温度过高且持续时间较长时,即显症。

 防治方法

①选用白皮瓜等抗日灼的品种,也可选用伊丽莎白等早熟品种。

②要加强通风,降低叶面温度,阳光过强时可采用遮阳网覆盖,降低棚温。

③强光下棚内气温及甜瓜体温急剧升高,蒸腾量大,要及时灌水降低植株体温,避免发生日灼。

④控制好土壤水分,尤其结果期不可过干过湿。

⑤及时适度整枝打杈,保证植株叶片繁茂,加强植株体内多余水分的蒸腾,防止强光直接照射果实。

15.低温障碍

主要症状

幼苗或成株叶片、茎蔓出现水渍状浸润斑块,叶缘较多,逐渐出现组织坏死、干枯,持续时间长整株萎焉死亡。根系发锈黄褐色,很少有新根和须根,逐渐变成褐色或沤烂(图 2-43,2-44)。

图2-43　低温障碍：植株

图2-44　低温障碍：根

　　气温低于5℃,持续24小时甜瓜叶片的叶缘、茎蔓开始出现水渍状浸润斑块;气温低于7.4℃,持续48小时,数日后叶片叶缘产生不规则浅绿斑或干枯斑;地温低于13℃,不再产生毛细根,根系变褐,造成植株死亡。当冬春季或秋冬季定植或育苗时,遭遇寒冷,或长时间低温或霜冻,甜瓜植株会产生因低温障碍的寒害。分苗、移栽浇水量过大、持续低温阴天、土壤积水通透气性差、根系吸氧不足发病重。

防治方法

　　①选用耐低温弱光甜瓜品种,如伊丽莎白、龙甜1号、红城系列等。

　　②根据生育期确定低温保苗措施,避开寒冷天气移栽定植。

　　③育苗期注意保温,可采用加盖草苫,棚中棚加膜进行

保温抗寒。

④突遇霜寒,应采取临时加温措施,烧煤炉,或铺地热线、土炕、加盖草苫等。

⑤定植后提倡全地膜覆盖,可有效降低棚室湿度,进行膜下渗浇,小水勤浇,切忌大水漫灌,有利于保温排湿。

⑥合理均衡施肥浇水。

⑦喷施抗寒剂。

 16.缺少光照症

主要症状

作物的生长点伸展不开,似花椰菜状,叶片薄且偏淡黄(图2-45)。

发病原因

甜瓜在生长过程中遇上较长时间的连阴雨天气。

图2-45 缺少光照症

防治方法

①使用新农膜,增加透光性,以提高作物的光合作用。

②抓住有利天气,及时通风透光,提高作物的抗逆能力。

17.高温危害

主要症状

叶片的叶肉组织变褐枯死,似火烤状(图 2-46,2-47)。

发病原因

主要是由于棚温过高而引起,造成其原因一是温棚过长,使温棚中部降温缓慢;二是高温出现时揭膜不及时引起。其发生主要在棚的中部嫩叶上。

99

防治方法

①大棚不宜过长。

②根据天气变化,及时揭膜,通风透光,以提高甜瓜的抗逆能力。

图 2-46　高温危害:植株

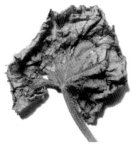

图 2-47　高温危害:叶

18.生理叶枯症

主要症状

在一些无网纹的甜瓜品种生产中,田间或棚室经常出现叶枯症。进入果实膨大期在果实四周或附近叶片上现组织变白或变褐干枯现象,且不断扩展。这种情况往往在连阴雨转晴后养分、水分供应不足时开始发生,叶片枯死部位有时在叶缘,有时发生在叶尖上,也有的出现在叶脉间(图2-48)。

发病原因

①土壤干燥、土壤溶液浓度过高。土壤盐分积聚,造成根系吸收水分受到阻碍,容易发生叶枯症。

②土壤中缺镁或施用钾肥过多,影响镁的吸收。

图2-48 生理叶枯

③植株整枝过度,抑制了根系的生长,坐果过多增加了瓜株的负担,造成根系吸收水分、营养与地上部消耗水分的矛盾而引起叶枯症。

④甜瓜嫁接时砧木选择不当或技术不到位,嫁接苗愈合不好,也容易引起营养障碍。

 防治方法

①增施有机肥并深耕改良瓜田土壤,改善根系生长条件。

②培育根系发达的适龄壮苗,适时定植,生长前期注意促进根系的生长。

③合理整枝打权,不要整枝过度而限制根系生长,影响到根系吸收能力,留果适当以减轻瓜株负担。

④ 缺镁时可用 0.5%~1%的硫酸镁叶面施肥,每 10 天左右喷一次,连续 4~5 次。

19.戴帽出土

主要症状

瓜苗出土后子叶上的种皮不脱落,子叶被种皮夹住不能张开 (图2-49)。

发病原因

图 2-49　戴帽出土

①种皮和床土过干,种子发芽后种皮不易脱落。

②播种后覆土过薄,土壤对种子的压力不够。

③种子成熟度差、胚发育不健全。

➕ **防治方法**

①播种前筛选种子,剔除未完全成熟的种子。

②床土要打足底水,播种后覆盖塑料薄膜或稻草等保持床土湿润。

③种子播到床土上后轻按一下,使其与底土紧密接触并略陷入底土中,可有效防止戴帽苗。

④覆土厚度要适宜,过薄过厚都不可。

⑤傍晚用小型喷雾器或用毛笔蘸水将种皮润湿,子叶即可脱壳平伸。

 20. 泡泡病

📋 **主要症状**

图2-50 泡泡病

甜瓜泡泡病是甜瓜保护地常见生理病害,一旦发生病株率较高,主要为害叶片。叶片染病后部分叶组织向叶正面凸起,致叶面凹凸不平呈泡泡状,故称作泡泡病。后期凸起部分褪绿变黄,后变成黄褐色至灰褐色,严重的下陷坏死,有的呈半透明状或破裂,病斑背面凹陷处组织增厚,叶缘向下卷曲,有的腐生有黑褐色霉状物(图2-50)。

 发病原因

①生产上苗龄偏大,移植过晚,根系老化,根系功能减弱,偏施氮肥易发生泡泡病。

②低温、弱光环境也易发生泡泡病。

防治方法

①选用发病轻,耐低温、弱光的甜瓜品种。

②选择适宜甜瓜种植的季节定植甜瓜,不要过晚,苗龄适当,不可过大。

③移苗时要注意少伤根,采用测土配方施肥技术,施足腐熟有机肥,增施磷、钾肥。改良土壤结构,增加土壤通透性,促进根系发育,浇水要均衡,土壤过于黏重地块,要浇小水,并注意控制湿度。

④甜瓜生产中避免使用激素类植物生长素。

⑤发病前喷洒 2%春雷霉素水剂 500 倍液或 77%波尔多液 500 倍液。

 **21. 黄化症**

主要症状

植株从上到下整体黄化,毗邻植株生育正常,无传染性(图2–51)。

103

发病原因

单株零星发生黄化变异的甜瓜植株,与品种及遗传基因变异有关,叶片不能进行正常的光合作用,因而呈现黄化或白化植株现象。

防治方法

变异黄化植株,没有救治的必要,应及时拔除。

图 2-51　黄化症

22. 亚硝酸气害

主要症状

分急性型和慢性型两种。急性型,在叶片上产生很多白色坏死斑点,严重时多个斑点融合成片,致叶片焦枯。慢性型,仅叶尖或叶缘先黄化,后向叶中部扩展,病部发白后干枯,病、健部分界明显(图 2-52)。

图 2-52　亚硝酸气害:急性症状

发病原因

①大量施用未经腐熟的有机肥，在土壤由碱性变为酸性的情况下，硝酸化细菌的活动受到抑制，造成硝酸不能及时地转换成硝酸态氮，引起亚硝酸气害。

②地温高，尤其是地温急剧变化时易发生。这是因为在低温时微生物活动较弱，氮肥的分解往往停止在中间阶段，在这种情况下，如果温度迅速升高微生物活跃起来，就会造成铵和亚硝酸过剩，发生亚硝酸气害。

防治方法

①土壤盐渍化、硝化细菌数量减少和土壤呈酸性反应，都是亚硝酸气体产生的前提条件，因此生产上施用稻草或其他未腐熟的秸秆，有利于恢复土壤微生物平衡和改良土壤，同时也可避免或减少亚硝酸在土壤中积累。

②连作多年的保护地土壤经常出现盐基离子减少，造成土壤酸化，可施入适量石灰，既能中和土壤的酸度，避免亚硝酸气体的挥发，又能补充土壤钙素的不足。

③保护地避免把肥料追施于土表，追肥后要及时灌溉，土壤水分充足，即使产生气体，也会有一部分溶解在水中。

④测土配方施肥，做到氮、磷、钾配合施用，不偏施、过施氮肥。

⑤发现有害气体时及时通风换气。

23. 土壤盐渍化障碍

 主要症状

植株生长缓慢、矮化、叶片叶色深绿,叶缘开始有失水性枯边,继而发展成浅褐色枯边;生长障碍性黄瓜;脱水性萎蔫(图2-53)。

图2-53 盐渍化:受害株

 **发病原因**

①长期超量施用各种化肥,导致土壤盐分浓度过大,影响植物根系的吸收。过量施肥特别是未腐熟的鸡粪、牛粪等,其中所含的尿酸盐、矿质元素等会使土壤耕层含盐量骤然提高,阻碍植物根系的生长发育,当粪肥在土壤中发酵时还会产生大量的氨气和生物热,会直接伤害根系,致使植株矮小、易受冻害和药害。

②在重茬、连茬地,有机肥严重不足,大量、过量施用化肥的种植地块经常发生甜瓜营养不良的现象。长期施用化肥,会使土壤中的硝酸盐逐年积累。由于肥料中的盐分不会或很少向下淋失,造成土壤中的盐分借毛细管水上升到表

土层积聚，盐分的积聚使土壤根系过小造成各种养分吸收输导困难，植株生长缓慢。土壤中植株周围根压过小，反而向植株索要水分造成局部水分倒流，同时保护地棚室或夏季露地中的温度高，水分蒸发量大，叶片因根压不足吸水和养分不足，呈叶缘枯干，重症呈现盐渍化状态萎蔫或枯萎。

防治方法

①增施有机肥，测土配方施肥，尽量不用容易增大土壤盐类浓度的化肥。氮肥过量的地块增施钾肥和动力生物菌肥，以求改变土壤通透气状态和盐性环境。连作瓜地，可以考虑施用亚联肥改善盐渍化状态。或用动力生物菌肥，加快土壤吸收活性。

②重症地块灌水洗盐，泡田淋失盐分。及时补充因流失造成的钙、镁等微量元素。

③深翻土壤，增施腐熟秸秆等松软性物质，加强土壤通透性和吸肥性能，这是改变盐渍化土壤的根本。

107

参考文献

[1] 李加旺,凌云昕,王继洲.黄瓜栽培科技示范户手册.北京:中国农业出版社,2008.

[2] 津优 10 号 津优 30 号.中国蔬菜,2003,(5):12.

[3] 李莉,李霞,向玲洁.津优 10 号黄瓜.上海蔬菜,2008,(6):31.

[4] 赵国云,孔维良,李波.秋棚黄瓜新品种津优 11 号、津优 13 号及津优 41 号品种特性.北方园艺,2008,(4):137-138.

[5] 李淑菊,霍振荣,庞金安,等.黄瓜新品种津优 12 号的选育.中国蔬菜,2005,(Z1):7-8.

[6] 津优 35 号.中国蔬菜,2009,(1):20.

[7] 李海燕.黄瓜新品种——津优 36 号.天津农林科技,2009,(4):39.

[8] 李淑菊,霍振荣,王惠哲.温室黄瓜新品种津优 38 号的选育.中国蔬菜,2008,V1(8):36-38.

[9] 高伟.设施蔬菜施肥技术(瓜果类).天津:天津科技翻译出版公司,2010.

[10] 陆景陵,陈伦寿.植物营养失调症彩色图谱——诊断与施肥.北京:中国林业出版社,2009.

[11] 渡边和彦.作物营养元素缺乏与过剩症的诊断与对策.罗小勇译.日本:日本种苗株式会社,1999.

[12] 凌云昕,杨雪梅,魏秀敏.温室大棚黄瓜病虫害识别与防治.北京:中国农业出版社,2002.

[13] 吕佩珂,苏慧兰,高振江,等.中国现代蔬菜病虫原色图鉴.呼和浩特:远方出版社,2011.

[14] 李秀秀.甜瓜栽培与病虫害防治.天津:天津科技翻译出版公司,2010.

[15] 孙茜.甜瓜疑难杂症图片对照诊断与处方.北京:中国农业出版社,2007.

[16] 孙茜,吕庆江.图说棚室甜瓜栽培与病虫害防治.北京:中国农业出版社,2008.

[17] 刘雪兰.设施甜瓜优质高效栽培技术.北京:中国农业出版社,2010.

[18] 王久兴.甜瓜病虫害及防治原色图册.北京:金盾出版社,2009.

[19] 李金堂.西瓜甜瓜病虫害防治图谱.济南:山东科学技术出版社,2010.

[20] 刘雅忱,张志英.蔬菜病虫害防治图谱——甜瓜.长春:吉林出版集团有限责任公司,2009.

[21] 周超英.西瓜、甜瓜病虫害及其防治.上海:上海科学技术出版社,2012.

[22] 邱强.西瓜甜瓜病虫实用原色图谱.郑州:河南科学技术出版社,2001.

[23] 中国农业科学院蔬菜花卉研究所.中国蔬菜栽培学.2版.北京:中国农业出版社,2009.